SITUATION DE L'AGRICULTURE

EXPOSÉ DES FAITS

PASSÉS ET PRÉSENTS

PAR J. PELTE

CHEVALIER DE LA LÉGION D'HONNEUR, VICE-PRÉSIDENT DU COMICE AGRICOLE

DE L'ARRONDISSEMENT DE METZ,

MEMBRE DE L'ACADÉMIE IMPÉRIALE DE METZ ET DE LA CHAMBRE

CONSULTATIVE D'AGRICULTURE

METZ

IMPRIMERIE F. BLANC, RUE DU PALAIS

1866

SITUATION DE L'AGRICULTURE

EXPOSÉ DES FAITS

PASSÉS ET PRÉSENTS

PAR J. PELTE

CHEVALIER DE LA LÉGION D'HONNEUR, VICE-PRÉSIDENT DU COMICE AGRICOLE
DE L'ARRONDISSEMENT DE METZ

METZ

IMPRIMERIE F. BLANC, RUE DU PALAIS

—

1866

SITUATION DE L'AGRICULTURE.

EXPOSÉ DES FAITS PASSÉS ET PRÉSENTS.

La France, la première des nations sous tant de rapports, ne saurait rester inférieure aux autres puissances par son agriculture, avec un sol aussi éminemment propre à la culture, un climat si favorable à tant de productions diverses, et une population agricole si bien endurcie aux fatigues du métier. Elle ne peut non plus demeurer assujettie à recourir à la Russie ou à d'autres pays chaque fois que l'influence de la température viendra diminuer le rendement d'une récolte. La France renferme dans son sein des ressources immenses pour suffire en tout temps à la consommation de ses habitants.

D'un autre côté, le grand mouvement progressif qui s'est opéré dans la société et qui a contraint tant d'industries à transformer, modifier ou perfectionner leurs machines et outillages, ne pouvait manquer d'atteindre l'agriculture, sur laquelle la crise pèse aujourd'hui de tout son poids, sans qu'on puisse prévoir quand celle-ci pourra prendre le dessus.

C'est cet état de faiblesse et de souffrance qui occasionne et justifie, à mes yeux, ces plaintes si graves, si sérieuses, qui s'élèvent de tous les points de la France. L'agriculture trouve, que le chiffre de 24 francs les 100 kilogrammes, prix maximum du blé depuis plusieurs années, n'est pas suffisamment rémunérateur, en présence de l'augmentation toujours croissante du prix de la main-d'œuvre, de l'impôt et de la valeur locative.

— 4 —

Dans le pays où l'agriculture produit le blé à un prix de revient bien inférieur, cette denrée de première nécessité est livrée au commerce à des conditions qui ne nous permettent pas aujourd'hui de soutenir la lutte. Aussi chaque fois que la récolte d'une année paraît compromise, et que, par cette raison, une hausse se produit, le commerce intervient immédiatement, fait arriver des blés étrangers, en encombre les marchés, et, par cette invasion désastreuse d'une nouvelle espèce, empêche non-seulement les producteurs français de trouver, dans un prix de vente plus élevé, une légitime compensation de la mauvaise récolte qu'ils viennent de faire, mais encore occasionne une redoutable concurrence à la récolte suivante, et nous force, ainsi que nous l'avons déjà vu, à exporter nos blés à des prix trop bas.

Et cependant la liberté du commerce, la facilité des communications et la rapidité des transports, empêcheront certainement à l'avenir une trop grande variation dans les prix des céréales, et mettront pour toujours le peuple à l'abri de ces disettes locales qui désolaient la France dans des temps déjà éloignés. Ainsi nous ne verrons plus le prix de l'hectolitre de blé s'élever à 72 francs, comme en 1816, à 48 francs en 1847, à 30 francs en 1854 ; de même, aussi, nous ne le verrons plus descendre de 10 à 12 francs, ainsi qu'on l'a vu tant de fois.

Ce résultat est incontestablement avantageux à plusieurs points de vue, et surtout pour la masse des consommateurs, mais il n'apporte aucun remède à la situation précaire de l'agriculture, aucun secours aux cultivateurs, dont la plus grande partie commence à se décourager.

Pour que la liberté du commerce profite à la France et au producteur, il faut que l'agriculture devienne assez forte pour repousser en tous temps la concurrence étrangère et que la quantité des produits puisse compenser le peu d'élévation des prix.

Pour arriver à un tel résultat, il faut que le chiffre de 14 hectolitres de blé, indiqué par la statistique, comme rendement moyen d'un hectare de terre, pour toute la France, s'élève à 20 hectolitres, et que tous les autres produits agricoles suivent cette même proportion. Cette augmentation permettrait naturellement au producteur de livrer ses blés à des prix variant entre 16, 20 et

24 francs l'hectolitre, selon que les récoltes seront bonnes, médiocres ou mauvaises.

En supprimant l'échelle mobile, on a pu penser qu'il devait en être de l'agriculture comme des autres industries, que le producteur, craignant la concurrence étrangère, s'empresserait, dans son propre intérêt, de rechercher les moyens de produire plus et à moins de frais; que, la première crise passée, il parviendrait à faire face aux éventualités et améliorerait par là même sa propre position. Mais au moins ne devrait-on pas procéder si rapidement.

Nous ne croyons pas qu'il y ait lieu de regretter la suppression de l'échelle mobile; mais on est en droit de se demander pourquoi la mesure a été si radicale, si immédiate pour l'agriculture, tandis que l'industrie a été traitée avec plus de ménagements. Il me semble que, dans cette circonstance, on a oublié qu'en matière agricole, les changements ne peuvent pas s'effectuer si vite, qu'il faut du temps, beaucoup de temps, même, pour rompre avec des habitudes contractées dès l'enfance, pour faire de nouveaux assolements, apprendre de nouvelles méthodes, perfectionner l'outillage, former des ouvriers; que les cultivateurs, en général, peu fortunés, ne disposent pas d'un crédit comparable à celui dont jouissent les commerçants, et qu'ils ne peuvent guère compter que sur eux-mêmes. Or, plus les prix de denrées sont bas, moins la culture est en situation de faire des dépenses en améliorations et de satisfaire aux exigences des ouvriers ruraux.

En même temps qu'on livrait l'agriculture française à ses propres forces, sans lui accorder le moindre délai, pour se préparer à la lutte, au moment même où elle devait concentrer toutes ses ressources, elle s'est vue abandonnée, par les capitaux et par les bras de ses ouvriers. Les capitaux, attirés par l'appât trompeur d'un revenu excessif, se sont engloutis, soit dans les emprunts étrangers, soit dans ces innombrables entreprises industrielles qui ont surgi depuis quelque temps; les ouvriers, trouvant le travail agricole trop rude et comparativement peu rémunérateur, ont été en foule encombrer les villes et les nouveaux emplois qu'avait créés l'industrie, où les salaires sont plus élevés.

Ces faits sont d'une très-grande importance et méritent d'attirer l'attention générale, car tout le monde est intéressé à maintenir l'équilibre entre les diverses sources de la richesse du pays.

Le gouvernement, qui a l'initiative de tout, en France, s'est enfin ému de cette situation pénible dans laquelle se trouve actuellement l'agriculture. L'Empereur, dans son discours d'ouverture, a promis une enquête sérieuse et prochaine. Pour que cette enquête soit faite avec soin, pour qu'elle donne des résultats vrais et sérieux, je crois qu'il est du devoir de tous ceux qui désirent ardemment le progrès agricole, d'apporter à cette enquête le fruit de leur expérience.

Pour remédier à cet état de choses, il y aurait beaucoup à faire ; deux sortes de moyens se présentent tout d'abord : établir un droit protecteur sur les importations de provenance étrangère, ou bien débarrasser l'agriculture des entraves qui l'empêchent de devenir assez forte pour se défendre. Toutefois, si le gouvernement, prenant la chose au sérieux, agissait par les deux moyens à la fois, la mesure ranimerait le courage des cultivateurs, en même temps qu'elle viendrait en aide au nouveau développement du progrès.

Si, au contraire, on s'arrête à un seul des deux moyens qui viennent d'être indiqués, le premier adoucirait le mal sans le guérir et ferait peu avancer le progrès.

En effet, si, pour les céréales, qui sont principalement le sujet des plaintes des cultivateurs, on établit un droit fixe trop faible, la mesure sera peu efficace ; si le droit est élevé, au premier renchérissement du blé, les consommateurs, les ouvriers des villes surtout, feront entendre des plaintes.

D'un autre côté, chaque fois que la récolte serait abondante chez nous, et que le prix du blé serait ce qu'il est aujourd'hui (avril 1866), l'élévation du droit empêcherait, il est vrai, les blés de franchir la frontière. Mais le commerce ne fait-il pas comme l'eau courante qui tourne un obstacle qu'elle rencontre ; les navires chargés de blés tourneront aussi l'obstacle et se dirigeront chez nos voisins où nous avons notre débouché ; la concurrence se fera à l'étranger au lieu de se faire en France, et l'effet différera peu.

L'agriculture ne fournit pas que du blé, elle fournit aussi d'autres plantes diverses, et nourrit des animaux qui forment une des branches essentielles de la culture. Le second moyen s'étend à tout, il concilie les intérêts du producteur, comme ceux du consommateur. Voici en quoi il consiste :

Apporter des changements dans la législation, empêcher la rupture des engagements contractés entre les maîtres et les domestiques à gages ; faire exécuter plus soigneusement la loi Grammont, pour soustraire les bestiaux aux mauvais traitements qu'ils subissent journellement ; encourager les échanges en supprimant le droit proportionnel , afin de rendre possibles les assolements ; classer au rang des choses d'utilité publique la création des chemins d'exploitation ; encourager et déclarer même obligatoires les abornements ; abolir la vaine pâture qui détruit la liberté des assolements et empêche de multiplier les prairies artificielles ; édicter un code rural qui soit plus explicite sur les questions de possession ; étendre la compétence des juges de paix, en soumettant à leur juridiction des questions de propriété, dans ce cas, les faire assister de deux assesseurs, pris dans leur canton ; abolir ou simplifier les formalités exigées pour la vente ou le partage des biens des mineurs et des interdits pour les ventes sur expropriation forcée. D'autres mesures, faisant suite à ce qui vient d'être dit, sont encore nécessaires pour compléter le second moyen que nous avons signalé.

Il serait à désirer que l'organisation des comices agricoles fût mieux entendue, afin de venir en aide aux cultivateurs et de leur inspirer plus de confiance.

Il conviendrait aussi de répandre l'instruction agricole dans les campagnes, soit au moyen des instituteurs pour les jeunes gens, soit au moyen de fermes modèles et d'expériences pratiques pour ceux qui sont en âge de s'établir.

On ne connaît pas assez, non plus, la valeur d'une bonne ménagère, pour contribuer à la prospérité d'une entreprise agricole.

Pour mettre les filles des cultivateurs à même d'apprendre les choses essentielles qui se rattachent à l'agriculture, il serait nécessaire de créer dans chaque arrondissement un établissement destiné à les instruire d'abord, leur apprendre ensuite certaines notions se rattachant à leur profession, et leur en faire prendre le goût qu'elles perdent, au contraire, pour la plupart, dans les pensionnats où on les envoie aujourd'hui. Ces diverses choses réunies constituent la meilleure protection qu'on puisse donner à l'agriculture.

Il est de la plus grande évidence que si tout ceci était réalisé, le fermier aurait plus de confiance dans ses entreprises agricoles, qu'il serait à même de mener à bonne fin. De son côté, le propriétaire serait plus disposé, par la même raison, à faire des sacrifices d'amélioration dans ses fermes, attendu qu'il serait assuré d'être indemnisé de ses sacrifices par la plus-value du domaine, tandis que dans la situation actuelle il court le risque de voir ce domaine diminuer de valeur. En un mot, l'agriculture ainsi protégée et encouragée, ne tarderait pas à sortir de la situation précaire où elle se trouve. Étant en bonne voie de prospérité et de richesse, elle attirerait l'attention générale : les bras et les capitaux ne seraient plus tentés de l'abandonner.

On dit, généralement, que l'agriculture a fait de grands progrès partout. C'est en s'appuyant sur ces mots, que bien des gens ont cru, et croient encore, que, l'élan étant donné, il n'y a plus qu'à laisser faire.

C'est là une grande erreur, car les cultivateurs sont restés cinquante ans pour faire arriver le progrès à moitié chemin du but qu'il est possible d'atteindre.

Ce résultat n'a été obtenu qu'à l'aide de plusieurs innovations introduites avantageusement dans la culture. Ce qui reste à faire aujourd'hui n'est pas le plus facile.

Le progrès, qui a besoin, plus que jamais, de prendre un nouveau développement, se trouve enrayé dans sa marche par des causes de diverses natures, exerçant chacune une pression fâcheuse qu'il est à désirer de voir disparaître.

Dans la situation où je me suis trouvé comme cultivateur, j'ai pu connaître les anciennes habitudes qu'on appelle aujourd'hui la routine ; pour y avoir passé les trente premières années de ma vie, et pour avoir passé trente autres à suivre et à appliquer le progrès, j'ai pu en apprécier la marche. Nous allons la décrire.

On sait qu'au commencement de ce siècle, les mots pâturage et labourage étaient la devise de l'agriculture ; ce système demandait alors peu de science et peu de calculs. La méthode suivie se renfermait dans un cercle facile à diriger, connue de tous les gens de la ferme aussi bien que du maître lui-même.

Deux événements mémorables se sont accomplis successive-ment à la fin du siècle dernier en faveur de l'agriculture : 1789 débarrassa le laboureur de certaines corvées et de servitudes gê-nantes ; un peu plus tard est venue, comme providentiellement, l'introduction, dans la culture, des prairies artificielles et des racines.

Cette heureuse découverte a pu fournir aux animaux une alimentation succulente et plus abondante, en échange de celle qu'ils allaient brouter auparavant, la nuit comme le jour, dans de maigres pâturages, souvent desséchés, ou dans les chaumes, après les récoltes. La nourriture d'hiver, qui ne consistait guère qu'en paille, a pu être modifiée, grâce à cette alimentation nouvelle. Les animaux, qui étaient alors chétifs et rabougris, ont pu atteindre une plus forte taille. C'était déjà un progrès, mais encore bien incomplet et qu'on n'a pas su compléter, la terre se trouvant alors dans un état aussi triste que celui des bestiaux qu'elle nourrissait, et réclamant également une part dans ces nouveaux avantages. Comment y a-t-on satisfait ? La partie pâturage, dont nous avons parlé plus haut, qu'on ne croyait plus nécessaire, passa bientôt à la partie labourage. D'un autre côté, le défrichement des forêts a aussi donné beaucoup de terres cultivables et peu de prés ; cette augmentation de terrain réclama alors sa part d'engrais dans le tas de fumier qui n'était pas assez grossi.

Le progrès se trouva donc limité. Pour avancer, il lui fallait vaincre des obstacles qu'un petit nombre de cultivateurs ont su franchir ; car le progrès déterminé par les causes que nous venons de signaler, leur imposait certaines complications, tant sur la connaissance raisonnée de chaque espèce d'animaux, que sur l'étude du sol et du sous-sol, les combinaisons dans la rotation de l'assolement et, enfin, une direction intelligente.

Les anciens cultivateurs dont l'instruction n'était pas assez développée, et dont la plupart manquaient de capitaux, n'ont pu se rendre maîtres de ces détails importants ; c'est encore au milieu d'eux que la génération actuelle lutte, sans qu'il soit possible de savoir si elle triomphera.

Cependant, soit que les résultats obtenus aient attiré l'attention des capitalistes, soit parce que l'argent est devenu plus commun, il en est résulté le renchérissement de la terre qui a doublé dans un temps assez court (1825 à 1845).

Cette élévation du prix de la terre est-elle uniquement due au développement de la production agricole? Ne serait-elle pas, en partie au moins, une bonne spéculation en faveur du possesseur du sol dont la fortune s'est doublée sans bourse délier?

Les instruments perfectionnés ont trouvé une place presque partout, mais tous ne fonctionnent pas aussi régulièrement, ni aussi avantageusement, que cette innovation paraît le comporter; l'ancien système des cultivateurs ne les appelant pas à s'en servir souvent et à propos.

Les industries agricoles annexées aux fermes n'ont pas donné partout, comme on s'y attendait, des résultats satisfaisants. En effet, elles ne peuvent prospérer entre les mains du premier cultivateur venu, peu façonné, du reste, à ce qui est industrie et mécanique et à tout ce qui est étranger à sa culture. Une grande partie de ceux qui ont monté de ces industries les ont abandonnées; fort heureusement qu'elles ne sont pas absolument nécessaires dans une exploitation pour faire avancer le progrès.

Parlerons-nous de la culture intensive, c'est-à-dire la culture à grands capitaux, si vantée aujourd'hui, comme étant de nature à donner les meilleurs résultats? Mais est-il possible d'y songer d'une manière générale, du moins quant à présent? Ne faut-il pas, avant de s'engager dans une telle entreprise, examiner les capacités qu'on possède, tant au point de vue théorique que pratique? Ne faut-il pas aussi consulter sa bourse? car, emprunter, il faut payer des intérêts pour une affaire dont on ne retire les fruits qu'après un temps toujours très-long.

Les cultivateurs-fermiers (et il y en a beaucoup) ne se décideront pas à faire de grandes dépenses d'amélioration dans un sol qui ne les indemnisera pas des déboursés qu'ils ont faits, avec un bail trop court.

Pourrait-on, raisonnablement, conseiller la culture intensive dans des terrains argileux, froids ou trop calcaires, en un mot mauvais?

Ces terrains ne devront être achetés qu'à un prix inférieur, loués de même, et restés soumis au système pâturage ou herbage, jachère et céréale; petites dépenses, petites recettes; refuge d'une faible intelligence et de faibles capitaux.

Les améliorations partielles, qui sont des innovations de différentes natures, sont généralement considérées comme progrès; ces demi-mesures ne sont-elles pas à regretter lorsque ce qui s'y rattache manque?

La dépense d'un drainage ou d'un chaulage, des labours profonds, ne devient une bonne spéculation pour celui qui l'a faite qu'autant qu'on peut fortement fumer la terre sur laquelle ont eu lieu ces opérations. On regarde aussi comme une amélioration de belles écuries dans une exploitation agricole; cependant, la plupart du temps, on y loge des animaux de mauvaise race, maigres ou chétifs.

On ne peut pas plus appeler un progrès l'achat de quelques beaux types d'animaux dont on n'est pas en situation de faire prospérer les descendants.

Ce n'est pas par les améliorations partielles qu'on arrivera au but proposé; il faut, au contraire, songer que tout se lie en agriculture; que ce n'est que par l'ensemble des différentes branches qui se rattachent à cet art, et par la bonne direction qu'on leur donne dans la pratique, qu'il est possible d'arriver à un véritable progrès sans de grands sacrifices d'argent. Voilà quelle a été la marche du progrès.

Cependant, il y a en France des agriculteurs éclairés qui font des efforts pour perfectionner leur culture et appliquer les bonnes méthodes. C'est évidemment dans leurs exploitations qu'on puise les renseignements qui se trouvent consignés dans les rapports pompeux adressés chaque année à S. Exc. M. le Ministre de l'agriculture; c'est aussi à cette même source que les journaux agricoles s'alimentent; mais le nombre de ces praticiens laborieux et distingués est encore, comparativement, fort restreint; c'est beaucoup de supposer que jusqu'alors il forme la douzième partie de la totalité des cultivateurs.

Si faible que puisse paraître cette minorité, on est forcé de convenir que tous ne se rapprochent point encore du but qu'il est possible d'atteindre.

La plupart d'entre eux n'ont à offrir que des améliorations partielles, *sans aucun ensemble ;* on en trouve la preuve chez un grand nombre des concurrents à la prime d'honneur dans les concours régionaux, et il est certain que ceux-ci appartiennent à la catégorie des plus avancés. Que dire des autres, formant la masse, chez lesquels le progrès reste pour ainsi dire stationnaire ? Il faut leur venir en aide par des moyens plus efficaces, si l'on veut que le siècle à venir ne les trouve plus plongés dans l'ornière où ils sont arrêtés.

Voyons quels sont les moyens qui ont été employés pour les sortir de là. On a commencé par former les sociétés d'agriculture et les comices agricoles dont la date remonte à vingt ans environ ; sont ensuite venues les chambres consultatives, en même temps les commissions hippiques ; les concours régionaux et ceux d'animaux de boucherie sont institués, ainsi que les primes d'honneur ; des courses de chevaux dans les grandes villes, et, enfin, des écoles de dressage ; des routes et des chemins vicinaux ont été créés et améliorés partout, et la théorie a fait son chemin. On ne peut qu'applaudir à toutes ces institutions, dont le but est d'encourager l'agriculture.

Mais, maintenant, quels sont les avantages que la culture a retirés de tout ce que l'on a fait en sa faveur ?

C'est ce que nous allons essayer de démontrer.

Un très-petit nombre de cultivateurs font partie des sociétés d'agriculture ; parmi ceux qui en sont, peu fréquentent les séances, parce que, dans cette profession, si indépendante entre toutes, ils ne pensent pouvoir tirer aucun profit de ces dissertations théoriques et savantes qui ne cadrent point avec leur aptitude, leurs habitudes, et par lesquelles on leur enseigne des moyens impraticables ou qu'ils ne sont pas à même, dans leur situation actuelle, de mettre en pratique.

D'un autre côté, les concours institués par les comices dans chaque arrondissement, ne sont pas plus fréquentés. Les primes distribuées dans ces concours sont loin d'être suffisantes pour exciter les cultivateurs à faire des sacrifices pour s'y rendre. Ceux d'entre eux qui y vont, sont attirés plutôt par la fête champêtre qui a lieu à la suite de ce concours, que par l'idée d'exposer, de s'instruire, de juger des améliorations et du progrès. Il n'y a que les villages environnants qui exposent des animaux sans avoir fait aucun effort pour s'y préparer.

Quant aux expositions établies par les concours régionaux, et qui ont lieu tour à tour dans chaque chef-lieu d'un des sept départements de la région, ces solennités ne sont ordinairement guère fréquentées que par les cultivateurs du département où se tient le concours ; encore bon nombre ne se déplacent pas.

On comprend donc facilement qu'ils se dérangent bien moins lorsque cette exposition a lieu dans un département voisin, quoiqu'appartenant à la même région ; les cultivateurs regardent à trois ou quatre jours d'absence, la dépense que ces voyages occasionnent fait ouvrir les yeux à la fermière, qui, ordinairement, tient les cordons de la bourse.

Beaucoup d'exposants font de ces expositions une spéculation ; ils achètent où ils les trouvent, un an à l'avance, les animaux les mieux conformés, et, en s'approvisionnant des races convenables pour concourir dans différentes catégories, ils seraient embarrassés, pour la plupart, de montrer dans leurs étables des bêtes ressemblantes à celles qu'ils exposent. L'exposition n'y perd pas, on y trouve de beaux types qui servent de modèles ; mais cette spéculation détourne le cultivateur, qui craint d'échouer, après avoir fait un long trajet, aller et retour, dépensé beaucoup d'argent et fatigué ses bêtes.

Primes d'honneur.

Les primes d'honneur doivent être appréciées à deux points de vue : récompenser les efforts des agriculteurs les plus méritants, ensuite montrer leur exploitation comme modèle aux autres. Le premier résultat est généralement obtenu, mais le second est loin de l'être toujours ; si la ferme modèle a quelques visiteurs, ils appartiennent à la catégorie des plus avancés, qui est peu nombreuse. La situation des autres cultivateurs ne leur permettant pas de tirer parti des innovations qu'ils auraient sous les yeux et qu'ils croient au-dessus de leur pouvoir, ne s'y présentent pas ; il faut bien dire aussi qu'ils se mettent en garde contre des dépenses dont les résultats avantageux ne leur sont pas toujours démontrés mathématiquement.

Concours d'animaux de boucherie.

Il faut espérer que les concours d'animaux de boucherié produiront de bons résultats, bien qu'aujourd'hui les spéculateurs en retirent les premiers fruits. Ces expositions ont pour but de démontrer clairement aux cultivateurs les spécimens et les types, et de leur faire voir jusqu'à quel degré on peut pousser l'engraissement des bestiaux lorsqu'on fait choix de bonnes races, de sujets bien conformés et qu'on leur donne la nourriture et les soins nécessaires ; les éleveurs s'empresseront de bien choisir leurs reproducteurs ; ils verront qu'il y a perte pour eux de produire des animaux monstrueux, osseux, étroits du devant et du derrière, et par conséquent rejetés des marchands.

Courses de chevaux. — Commissions hippiques. — Écoles de dressage.

Les courses deviennent à la mode ; mais, ailleurs qu'en Normandie et dans quelques villes du midi de la France, l'agriculture ne retire aucun avantage de ces institutions, qui sont plutôt des fêtes agréables au public qu'un moyen de favoriser les cultivateurs des autres contrées, qui savent à quoi s'en tenir sur l'élève des chevaux de pur sang.

Les commissions hippiques, constituées depuis longtemps, n'ont pas rendu de grands services pour l'amélioration de la race chevaline.

Les écoles de dressage ne présentent pas encore toute l'utilité qu'on pourrait leur attribuer, les chevaux de luxe étant encore trop rare à la culture. Pour que de telles institutions portent quelques fruits, il faudrait qu'elles fussent d'abord destinées à former les fils de cultivateurs, afin que ceux-ci puissent eux-mêmes, et à leur tour, former leurs domestiques de ferme et dresser leurs chevaux.

Chambres consultatives.

Les chambres consultatives d'agriculture, qui datent de quinze

ans, n'ont pas produit ce qu'on en attendait. La plupart ne fonctionnent plus et ne donnent même plus signe de vie.

Machines.

Les machines, et surtout les machines à battre, ont rendu
beaucoup de services à l'agriculture ; sans elles où en serait-on
aujourd'hui avec la rareté des bras ? Les instruments perfectionnés ont aussi apporté leur quote-part au progrès : on peut
mieux cultiver et ameublir la terre ; ceux qui s'en servent avec
intelligence, y trouvent avantage et profit.

Création des routes.

La création des routes et le bon entretien des chemins vicinaux ont contribué aux progrès que l'agriculture a faits. Il
y a encore des contrées où les routes de moyenne communica-
tion font défaut ; nous les croyons plus pressantes à faire que les
chemins de fer vicinaux. Il se trouve dans les différentes choses
dont nous venons de parler, quelques avantages, mais qui n'ar-
rivent que lentement ; ce sont des remèdes adoucissants, ne
guérissant pas le mal. Les bras et les capitaux n'ont pas moins
continué d'abandonner la campagne ; les habitudes anciennes,
qui passent de père en fils chez les cultivateurs, et qui empêchent
le pays de profiter de sa principale richesse, existent encore ;
c'est, selon nous, le plus grand obstacle, car les capitaux ne
manquent pas chez tous les cultivateurs. De nombreux discours,
prononcés chaque année sur ce sujet, traitent plutôt la question
au point de vue théorique et scientifique que pratique ; le progrès
y figure avantageusement et l'on montre la routine comme per-
dant chaque année de sa force, au point de faire croire qu'elle
ne tient plus qu'à un fil, qu'elle est prête à disparaître. Cependant, si, comme nous l'avons dit plus haut, on ne peut compter
qu'un douzième d'agriculteurs qui soient sur la voie du progrès,
il faut bien admettre que la catégorie des laboureurs, qui comprend
les onze autres douzièmes, reste dans la routine, et qu'alors,
celle-ci tient encore aujourd'hui une très-large place dans notre
agriculture, malgré tout ce qui a été fait jusqu'ici pour la

combattre. D'après la statistique agricole du département de la Moselle, le nombre des cultivateurs exploitant au-dessus de 5 hectares dépasse 6000 ; le douzième serait donc de 500 pour la catégorie de ceux qui marchent avec le progrès. Nous croyons avoir fait la part belle ; car bien que notre département tienne une place avantageuse et honorable parmi ceux de la France qui sont le plus avancés, il est certain que le nombre de 500 devrait subir une forte réduction, en prenant pour exemple l'agriculteur en progrès, tel que je vais l'expliquer, comparé avec le cultivateur arriéré, afin de mieux faire comprendre encore la situation de l'agriculture.

Direction.

Le cultivateur arriéré. — Les principales choses qui manquent aux laboureurs pour abandonner leurs vieilles habitudes et pour se maintenir dans une voie prospère, tracée par les exigences du temps, sont : l'ordre dans l'organisation et la direction des travaux, la prévoyance, si nécessaire pour une exploitation, et la persévérance soutenue dans les méthodes perfectionnées.

Pourquoi font-ils si peu d'efforts pour admettre ces principes, qui sont la première condition, en même temps que la force, de toutes les autres industries ?

Parce qu'ils sont habitués à une profession indépendante ; parce qu'ils aiment leur liberté d'action avant toutes choses ; parce qu'ils ne veulent pas être assujettis à un ordre qui exigerait une surveillance continuelle et les priverait d'une absence calculée ; parce qu'ils ne sont pas convaincus des pertes éprouvées par des habitudes qui ne sont plus de notre temps ; enfin, parce qu'ils redoutent les conséquences du premier pas à faire pour avancer le progrès. Ils savent, en effet, qu'en multipliant les plantes fourragères, c'est déjà un surcroît d'ouvrage, auquel vient s'ajouter un bétail plus nombreux à surveiller, une quantité de fumier plus considérable et tout ce qui s'ensuit à l'égard des récoltes.

Partout où l'ordre manque, le désordre s'y glisse, le maître est changeant dans ses idées, il y a confusion, chacun commande dans l'exploitation et personne n'obéit, l'ouvrage se fait machinalement, on ne peut rien prévoir, ni rien éviter. Les habitudes et les idées de la ménagère, ne sont pas moins routinières et plus absolues ; au delà de ce qu'elle a toujours vu faire, il n'y a rien de possible ni de praticable selon elle ; le savoir-faire de son mari ne lui inspire pas toujours une confiance pleine et entière ; une entreprise sérieuse lui paraît au moins hasardée ; de sorte que toutes les habitudes et les préjugés passant, sans réflexion ni opposition, d'une génération à l'autre dans l'esprit des jeunes gens, s'y fortifient à mesure qu'ils avancent en âge.

L'agriculteur en progrès. — Dans une culture progressive, l'ordre fait la loi en quelque sorte, chacun s'y conforme, le travail commence et finit à heure fixe, l'ouvrier se met à la besogne sans murmures et la quitte de même ; des soins assidus sont donnés à tout en général. Par la prévoyance, on évite les discussions entre les gens de la ferme, chose toujours désagréable et nuisible à la marche des travaux ; elle empêche et prévient aussi bien des accidents et bien des pertes. La base de l'édifice étant bien établie, la persévérance dans l'entreprise suit son chemin, la fermière s'y associe par confiance, espérant recueillir les fruits d'une culture lucrative et pleine d'avenir, sans déranger l'ensemencement des plantes indispensables aux besoins de l'exploitation. L'agriculteur en progrès, fait marcher de front plusieurs choses importantes, devant fournir de l'argent à la caisse ; il ne se borne pas aux céréales, il cultive une plante de commerce quelconque, en rapport avec la nature du terrain ; le bétail rapporte aussi sa quote-part ; de sorte que si une partie de ces trois espèces de produits n'apporte au bout de l'année qu'un faible rendement, le bénéfice en souffre évidemment, mais les deux autres font une compensation : il y a rarement déficit.

Travaux divers.

Le cultivateur arriéré. — En général, le cultivateur arriéré ne s'occupe sérieusement que des travaux matériels et indispensables ; il sait labourer, ensemencer, récolter et vendre ses produits ; mais il prend trop peu en considération la situation de la terre au moment d'y mettre la charrue ; on croirait que l'idée dominante est d'activer tous les travaux comme pour s'en débarrasser le plus tôt possible, sans songer au résultat ; il néglige tout ce qui a rapport au bon entretien du bétail et des fumiers, dont une partie se perd sur la voie publique et le reste se dessèche encore sur la terre avant d'être enfouie ; en un mot, on ne fait que le plus gros de chaque chose, et même avec des vues peu étendues.

On ne voit pas de plus loin pour certains détails importants qui sont de nature à rendre plus facile et moins coûteuse l'exécution des travaux tant aux champs qu'à la ferme ; les anciens bâtiments ne sont plus en rapport avec les exigences du temps, et la rareté des bras, les nouvelles constructions ne se rapprochent pas davantage des besoins du jour ; ils nécessitent l'un et l'autre trop de monde pour la rentrée des récoltes de toute nature, et ceux qui en sont chargés, trouvant la besogne trop lourde, deviennent exigeants et abandonnent la culture pour chercher ailleurs un travail moins pénible et souvent mieux rétribué.

L'agriculteur en progrès. — Avec le progrès, la préoccupation du maître ne se borne pas aux travaux matériels, les choses du détail sont rigoureusement calculées et dirigées durant toute l'année ; il songe à l'avance à la préparation du terrain qui doit porter des récoltes intermédiaires, comme des racines, des fourrages artificiels ou d'autres plantes analogues ; il s'occupe en outre de préparer ce qu'il faudra à chaque espèce d'animaux, pour les différentes saisons de l'année, soit en vert ou en sec ; tout est disposé pour vendre en grandes quantités et pour acheter le moins possible. Aussi il existe de vastes bâtiments, afin de pouvoir loger et conserver, tout à la fois, une réserve de nourriture qui puisse lui permettre de parer à une mauvaise récolte, le cas échéant. De cette manière il n'est jamais pris au dépourvu ; il dispose ses greniers et ses granges de façon que trois personnes puissent suffire pour décharger les voitures remplies de denrées. Tout cela est arrangé de manière à faire beaucoup d'ouvrage avec le moins de monde possible.

L'agriculteur cultivant une exploitation un peu importante, fait bâtir autour de sa ferme une habitation destinée à loger, gratuitement ou à peu de frais, les gens qui lui sont le plus utiles ;

il a l'avantage de les avoir sous la main en tout temps. Dans de telles conditions, les ouvriers ont beaucoup plus d'attachement pour leur maître et ne l'abandonnent pas pour de simples motifs.

Prairies et Fourrages.

Le cultivateur arriéré. — Chez le cultivateur arriéré on ne se rend point compte des opérations qu'on fait ; il y a souvent perte là où il pourrait y avoir profit.

Beaucoup de terrains qui produiraient, avec avantage, des prairies artificielles à long terme, ne produisent pas en céréales, chaque année, de quoi payer le loyer, l'impôt et les frais généraux de culture.

On sait que le trèfle ne réussit pas toujours à la levée et qu'il n'est pas abondamment pourvu dans les terrains peu fertiles.

Les prairies naturelles ne sont pas régulièrement irriguées où c'est possible ; quant aux autres, elles sont souvent abandonnées.

Les fourrages eux-mêmes, faute de soins, perdent de leur qualité au moment de la récolte; on ne cherche pas assez à les mettre à l'abri des intempéries. Combien en reste-t-il sur terre qui ne sont point mis en tas pour la nuit, qui sont exposés à une pluie d'orage presque toujours imprévue, ou bien à une forte rosée qui les blanchit. Les petits tas de foin sont généralement mal faits; dans cette opération, on ne met pas toute l'attention nécessaire pour les préserver. On se console trop facilement de sa dépréciation, et l'on entend souvent dire, par ceux qui ont été surpris, que les bêtes à cornes et les moutons seront bien aises de manger ce fourrage de médiocre qualité pendant l'hiver. Sans doute, il le faut bien ; mais quel profit en retire-t-on ? Pas même du fumier de bonne qualité.

L'agriculteur en progrès. — Avec le progrès, les terrains consacrés aux plantes fourragères sont choisis pour chaque espèce et soignés de façon à récolter le plus possible sur une surface de peu d'étendue.

Les prairies naturelles sont irriguées, là où c'est possible, avec toute l'attention qu'exige cette opération ; les parties marécageuses sont drainées, celles non irriguées reçoivent des composts faits avec la meilleure terre possible, à laquelle on ajoute de la chaux, des boues de la cour, on arrose le tout avec du purin ; plus tard, alors, on répand le compost sur le pré, puis on y passe un rouleau, afin de le rendre tout à fait en poussière.

On défriche les vieilles prairies, on les cultive trois ou quatre années de suite, après quoi on les remet de nouveau en prés.

On attache une très-grande importance à la qualité des fourrages, on sait que c'est la partie nutritive qu'ils contiennent qui active la croissance chez les jeunes bêtes : le lait chez la vache, la graisse chez le bœuf, la viande et la laine chez le mouton, et la force chez le cheval ; alors, tous les moyens connus pour soustraire les fourrages aux intempéries et leur conserver leur qualité, sont employés ; on y parvient, sauf de rares exceptions, par une surveillance continuelle ; par une activité indispensable, on avance tous les travaux en général, de manière à laisser les attelages et les bras disponibles pour se porter sur un point ou sur un autre, selon que les travaux l'exigent.

La première chose qui vient à la pensée du maître, chaque matin, c'est de porter son regard vers l'atmosphère, afin de se rendre compte, autant que possible, quelle sera la température de la journée, pour qu'au premier signe indiquant la pluie on se mette sur ses gardes, et, lorsqu'il y a urgence, le commandement ferme et décisif ne se fait pas attendre ; chacun des ouvriers s'occupe activement de mettre à l'abri de la pluie la denrée confiée à ses soins ; c'est parfois un vrai sauvetage, tant la besogne est faite rapidement dans un moment donné.

La prévoyance du maître empêche de remettre au lendemain l'ouvrage pouvant se faire le jour même. Ce principe important est admis dans toute agriculture progressive ; il ne faut pas perdre de vue le proverbe : « La nuit n'a point d'amis, » et si la nuit porte conseil dans certaines choses, ce n'est point dans cette circonstance : la plus petite pluie survenue la nuit empêche, le lendemain matin, de toucher à n'importe quels fourrages.

Soins et régime des bêtes bovines.

La culture arriérée. — Le bétail forme une des branches essentielles de l'économie rurale ; par un double but, il rapporte sa quote-part d'argent à la caisse commune, et fournit l'engrais à la rotation de l'assolement ; ceci a lieu partout, seulement la manière de procéder diffère beaucoup : le cultivateur arriéré est loin d'être en situation de pouvoir suivre un régime qui soit de nature à faire prospérer les races de façon à en tirer tout le parti possible.

Les soins apportés dans la distribution des fourrages se font sans discernement et sans régularité, tant pour l'heure des repas que pour les rations que les bêtes reçoivent. Dans les années abondantes en fourrages, on en fait un gaspillage ; il s'ensuit qu'on arrive à court au printemps, sans profit bien marqué, ce qui force à recourir aux prairies trop tôt, d'où vient le proverbe : « Manger son foin en herbe. »

Les bêtes défaites du régime d'hiver et soumises à une nourriture plus succulente, telle que la fournit le premier vert, gagnent de la chair sur les os ; mais, pendant le mois de juillet, le manque de prévoyance se fait sentir : tout à coup se présente une période de temps qui n'offre que de faibles ressources, on n'a plus pour conduire les bêtes que les prés fauchés non destinés à donner du regain. C'est là qu'elles doivent aller passer quatre heures le matin et autant l'après-midi ; se fatiguant pour chercher une nourriture peu abondante, à peine suffisante à leur entretien. Il se trouve un temps d'arrêt quand il n'y a pas dépérissement.

Plus tard, quand arrive la pluie de septembre, si profitable aux herbages et aux jeunes trèfles qui ont été desséchés par les grandes chaleurs, tout reverdit, les bêtes trouvent de nouveau leur compte, elles reprennent encore un peu d'embonpoint, qu'elles reperdent en hiver, n'ayant à manger qu'un peu de regain là où il s'en récolte, ou le foin le plus mauvais de la ferme, de la menue paille, trop peu ou point de betteraves, parfois rien que de la paille.

Les variations périodiques qui ont lieu dans le régime, ne sont point le seul obstacle contraire au développement des jeunes bêtes et au produit à retirer des adultes ; l'irrégularité dans les heures qu'elles sont conduites à l'abreuvoir y est pour beaucoup ; elles souffrent la soif trop longtemps et boivent trop à la fois : les deux extrêmes sont aussi nuisibles pour la boisson que pour la nourriture.

L'agriculteur en progrès. — Chez lui, le régime en vert commence au printemps par le trèfle incarnat ou des seigles qui ont été semés à la fin de l'été précédent ; viennent ensuite les sainfoins ou les luzernes, et après le trèfle ; ce premier vert dure jusqu'au mois de juillet, il est remplacé par des vesces qu'on a eu soin de semer pour cette époque. Les bêtes à cornes se trouvent très-bien de cette plante tout le temps qu'elle est en fleur ; cette nourriture ne peut servir qu'environ quinze jours, après quoi vient de nouveau la seconde coupe des fourrages dont nous avons parlé plus haut. A cette époque de l'année, les bêtes ne prennent qu'un repas à l'écurie, elles sortent dans les prairies aussitôt le foin enlevé, ce qui leur procure un exercice très-salutaire et sans fatigue. C'est aussi le moyen de ne pas manquer d'herbe, puisque le pâturage n'a lieu qu'une fois le jour. D'autres ressources alimentaires viennent ensuite aider durant les mois de septembre et d'octobre : on a d'abord à cette époque des feuilles de betteraves détachées de la plante et des gros navets, fourrages semés pour les besoins de la saison ; ce surcroît de nourriture, donné le soir ou le matin, fait le plus grand bien, il augmente la quantité de fumier et le bonifie.

L'alimentation hivernale est calculée pour deux cents jours. La nourriture par excellence, pour les ruminants, est le fourrage artificiel, la betterave et le pain d'huile ; ces trois espèces de denrées alimentaires réunies détermineraient l'engraissement si la ration était assez forte. Un seul de ces produits ajouté dans la ration journalière des bêtes de nourriture, leur rendrait la peau plus souple, le poil plus fin et le fumier meilleur. Mais cela ne suffit pas chez l'agriculteur en progrès, où la ration journalier est de 4 à 7 kilogrammes de fourrages, selon l'âge des jeunes bêtes ou celles qui donnent du lait ; en rentrant de l'abreuvoir, elles trouvent dans leurs mangeoires de 6 à 15 kilogrammes de betteraves, toujours selon la situation de chaque bête ; ces betteraves sont mélangées, vingt-quatre heures au moins avant d'être distribuées, avec un dixième de menue paille et un peu de silique de colza, pour qu'elles puissent entrer dans une légère fermentation. La régularité dans les heures des repas est rigoureusement observée, la distribution des rations et la répartition sont toujours faites de façon qu'il y ait toujours assez et jamais trop. Le repas fini, la paille est donnée au râtelier toujours en quantité suffisante, afin qu'il en reste pour la litière.

Soins et Pansages.

Le cultivateur arriéré. — Le pansement à la main est peu en usage dans les étables du cultivateur arriéré, les plaques de fumier attachées au ventre et aux cuisses des bêtes bovines indiquent la négligence ; mais ce qui leur est plus nuisible, c'est la crasse qui se colle à la peau et engendre la vermine, qui se fixe à la tête, au cou, aux oreilles, parfois tout le long de l'épine dorsale. Ces rongeurs tiennent tout l'hiver et ne périssent pas toujours au printemps, bien qu'à cet époque les pauvres bêtes cherchent à s'en débarrasser en se frottant avec force contre les murs et les arbres, ce qui explique, parfois, le manque de poil sur certaines parties de leur corps.

Toutes ces choses réunies dérangent singulièrement la tranquillité des bêtes ; leur éducation devient difficile ; elles attirent sur elles la colère et les mauvais traitements des gardiens chargés de les soigner. Il faut dire que ceux-ci deviennent de plus en plus rares ; les bons ne sont pas pour la culture routinière ; ceux qu'elle emploie manquent d'intelligence et de connaissances nécessaires pour arriver à tirer tout le parti possible des bêtes confiées à leur garde ; le maître ne se prête pas volontiers à former les vachers, presque toujours ils sont occupés à d'autres ouvrages qui les dérangent de leur besogne principale et leur en ôtent le goût.

La surveillance de la vacherie est presque partout l'affaire de la maîtresse de la maison, qui, malgré la meilleure intention, se perd au milieu d'un service mal organisé, n'ayant ni règle, ni contrôle. Les écuries, dans bien des villages, ont encore l'ancien système de construction, où, pour éviter les froids de l'hiver, les bêtes étouffent en été faute d'air ; les fumiers ne sont enlevés qu'une fois ou deux par semaine ; le seul avantage qui en résulte est de niveler les trous qui se trouvent dans le pavé et empêchent les bêtes de se reposer.

L'agriculteur en progrès. — Ici, le pansement est soigneusement fait : on commence par l'étrille, puis la brosse en chiendent ; la litière, toujours suffisante et bien placée sous les bêtes, leur permet de prendre le repos nécessaire et empêche aussi qu'elles ne se salissent ; les fumiers sont, du reste, enlevés chaque jour. Les animaux ainsi traités jouissent d'une tranquillité parfaite ; ils sont faciles à gouverner, ce qui leur attire la bonne humeur de ceux qui les soignent ; l'œil du maître pour la surveillance est aussi moins obligé, l'ordre étant bien établi.

Commerce du bétail et profit.

Le cultivateur arriéré. — Nous avons démontré comment le bétail est négligé dans la culture arriérée ; ici, le commerce mal entendu n'est pas de nature à donner un profit qui puisse stimuler les efforts de manière à changer sa situation ; en effet, les vaches, après avoir donné un veau, produisent quelques kilogrammes de beurre fabriqués avec le lait qui reste de la consommation journalière des gens de la ferme. Les animaux vieillissent ainsi, en ne fournissant à la caisse qu'un très-faible revenu ; tous ceux qui ont des défauts sont vendus à un prix inférieur, ils passent alors entre les mains des marchands ; ceux-ci les font figurer de foire en foire, dans le pays, donnant à un vendeur quelques francs de bénéfice, parfois de la perte, selon la variation des cours.

Les bêtes d'élevage subissent dès leur naissance l'influence d'un régime irrégulier, souvent insuffisant et mal distribué.

Le veau est sevré à six semaines environ ; jusque-là, il a reçu le lait de la mère, tout à coup on lui change son régime : un peu de lait jeté dans de l'eau blanchie avec de la farine et du foin à volonté ; l'animal commence immédiatement à prendre un ventre énorme, et il maigrit, de sorte que presque toujours il ne vaut plus, à l'âge de huit ou dix mois, ce qu'il valait, comme veau de boucherie, à deux mois.

On sait, par expérience, qu'il ne se passe pas trois années, au moins, sans qu'une récolte de fourrage médiocre survienne, ce qui amène un vide dans les greniers, vide qu'on aurait pu éviter par une réserve d'une année abondante, mais qu'on ne peut combler par des achats. Le prix du fourrage étant trop élevé, on est forcé, à chaque période de deux ou trois ans, de vendre une partie de ses bestiaux à des prix toujours très-bas, en pareille circonstance, pour racheter, l'année suivante, à des prix exorbitants, personne ne voulant plus vendre si la récolte est bonne.

Cette situation, étant à peu près régulière, empêche le cultivateur arriéré de faire un profit sur les bestiaux.

Cet insuccès ne rend pas leur entretien moins coûteux que dans l'agriculture en progrès ; il faut, pour les nourrir, une étendue de terrain plus considérable ; car une terre peu fertile ou amaigrie ne donne, en fourrage, pour les prairies artificielles et pour les prés, qu'une récolte médiocre, quand elle n'est pas mauvaise, sans que les frais soient moindres. Il en est de même pour la culture de la betterave : une terre peu fumée, mal ameublie, n'ayant reçu qu'un ou deux labours, parfois dans un moment mal choisi, des hersages insuffisants, des piochages souvent attardés, ne donne que des tubercules d'un très-faible poids ; le blé qui succède dans de telles conditions ne fournit qu'une chétive récolte en paille et en grain. C'est toujours une pauvre agriculture que celle qui ne produit pas ce dont elle a besoin. Ces différents points rassemblés, formant presque à eux seuls l'idée de la situation de la routine, on comprendra alors ce dicton : « Lo bétail en agriculture est un mal nécessaire. » En effet, que dirait le cultivateur auquel on conseillerait de cultiver le froment pour la paille et l'écorce du grain, c'est-à-dire le son? Cependant, ce qui se passe ici avec le bétail ressemble à cela. La plupart du temps, il n'y a que la peau et les os, la viande manque.

L'agriculteur en progrès. — L'agriculteur en progrès a pour principe de ne laisser vieillir aucunes espèces d'animaux dans ses écuries ; étant toujours en mesure de les remplacer, il choisit pour les vendre le moment où ils rapportent le plus d'argent.

Dans l'espèce bovine, au lieu de vendre à bas prix les vaches qui ont un défaut, pour aller courir les foires du pays, on les met à l'engrais. Beaucoup de jeunes bêtes, après avoir vêlé une fois ou deux, ne prennent plus le taureau ; pour ne pas les garder stériles durant plusieurs mois, l'agriculteur en progrès en fait des bêtes de boucherie, qui donnent une viande d'aussi bonne qualité que celle du bœuf ; il en retire ainsi un profit satisfaisant.

Les chances du bénéfice à réaliser sur la tenue du bétail dépendent, comme dans toutes autres industries, de la manière d'opérer, tant sur le choix des sujets que sur les soins et la nourriture. L'agriculteur en progrès se met en mesure d'acheter aux époques favorables ; il recherche pour les bœufs à l'engrais, la finesse et la souplesse de la peau ; le poil court, peu de fanon, la tête petite, l'œil vif et gros, ces signes indiquant des dispositions à prendre la graisse. Cela ne suffit pas, il prend encore en considération la conformation de l'animal, afin d'en tirer le plus de poids possible, il recherche alors l'ampleur de la poitrine, la côte plutôt ronde que plate, le dos droit, les reins et la croupe larges, la cuisse bien descendue, enfin, le corps de l'animal bas sur ses jambes ; il cherche à trouver réunies autant que possible toutes ces qualités et cette conformation, non-seulement au point de vue de l'engraissement, mais encore pour la reproduction. Un bœuf dans ces conditions, et de taille au-dessus de la moyenne, coûte ordinairement....   340 fr.
il devra peser au bout de 140 jours, avec la nourriture que nous allons indiquer, 700 kilogr., poids vif, et fournira au minimum 55 pour cent net de viande, soit 385 kilog., à raison de 135 francs, prix moyen d'une année, ci ....   520 fr.

Consommation.

10 kilogrammes par jour de foin de prairies artificielles ou

de bon foin de pré, soit pour 140 jours, 1400 kilog., à raison
de 40 francs, prix moyen sur place, les 1000 kilog. ci   56 fr.

   30 kilog. de betterave par jour et par tête, soit,
pour la durée de l'engraissement, 4200 kilog., à
12 francs les 1000 kilog., évalués sur place,
donnent en argent 50 fr. 40, ci 50 40

   4 kilogrammes par jour de pain d'huile, pendant
la dernière moitié de l'engraissement, à 0,14 le
kilogramme, soit, pour 70 jours. 39 20

   Pour les soins . . . .   10 »

                                          Total. 155 60

Si l'on ajoute à cette dépense les 340 francs   340 »

d'achat, on aura pour total de dépenses 495 60

   Le bœuf a produit, en le vendant, une valeur
de 520 francs, ci . . . .   520 »

   Ce qui donne 180 francs de bénéfice brut, ci.   180 »

et 25 francs de bénéfice net, ci. . . . .   25 »

   Lorsque les bêtes profitent bien, on continue l'engraissement cinq ou six semaines avec avantage. On obtient au delà
de 60 pour 100 net de viande; on gagne ainsi en quantité
et en qualité, mais alors on modifie le régime, on diminue
de quelques kilogrammes la ration de fourrage et de betterave,
qu'on remplace par des farineux, des seigles un peu bouillis,
ou des féveroles ramollies. Ceci dit, nous continuerons nos premières évaluations.

   Les profits d'une telle spéculation ne sont pas lucratifs
pour un particulier obligé d'acheter tout ce qui est nécessaire;
mais pour un cultivateur c'est bien différent, on obtient du
bon fumier, avec lequel on fait grossir les racines et grandir
les plantes fourragères, ce qui résout le problème : rendre
la vie à bon marché pour les animaux.

   Pour démontrer ce problème, il est nécessaire d'entrer dans
quelques détails de culture.

   Supposons un hectare de terre planté en betteraves sur ados, la
terre étant préparée de la manière suivante : la première culture

superficielle ou déchaumage aussitôt après la moisson ; second labour très-profond au commencement de novembre ; troisième labour, au printemps lorsque la terre est bien ressuyée, avec enfouissement d'une fumure ordinaire de 40 000 kilogrammes à l'hectare ; hersages énergiques fin de mars, après une pluie, pour ameublir profondément la terre ; ouvertures des raies qui doivent préparer la formation des billons dans la première quinzaine d'avril ; enfin, conduite du fumier dans ces raies, à raison de 15 000 kilogrammes à l'hectare, en faisant en sorte qu'il soit bien répandu dans le fond. Après toutes ces opérations, on recouvre, par la charrue, qui forme l'ados, sur lequel on passe ensuite le rouleau, puis on plante la graine.

La distance entre les lignes, est de 60 à 70 centimètres, celle entre les plants, de 30 à 40 centimètres. Aussitôt que la plante prend des feuilles, on donne le premier piochage ; quand elle en a quatre, on arrache ce qui est de trop, et l'on donne le second ; enfin, lorsque la plante est déjà plus forte et que le tubercule se montre, on donne le troisième, ce qui se fait ordinairement en juillet.

En prenant toutes les précautions que nous venons d'indiquer, on récolte, dans un bon terrain, au delà de 50 000 kilogrammes à l'hectare, mais nous ne porterons que 35 000 kilogrammes comme moyenne d'un terrain de seconde classe.

Or, nous avons dit, plus haut, qu'un bœuf consomme 4 200 kilogrammes de betteraves pour son engraissement, par conséquent, avec la récolte d'un hectare de betteraves, on en engraissera 8.

La ration de fourrage nécessaire à un bœuf, est de 1 400 kilogrammes ; pour huit, elle sera de 11 200 kilogrammes.

Pour produire ce fourrage, il faut, en luzerne, un hectare 50 ares, ou deux hectares d'autres fourrages. Chaque bœuf à l'engrais donne 60 kilogrammes de fumiers par 24 heures, si la litière ne manque pas et qu'on ne laisse point perdre les urines, ce qui fait 8 400 pour les 140 jours, durée de de l'engraissement, 8 bœufs produiront 67 200 kilogrammes. On a vu que l'hectare ensemencé en betteraves exige 55 000 kilogrammes de fumier ; il reste 12 000 kilogrammes chaque année, ce qui est suffisant pour l'ensemencement d'un hectare 50 ares de luzerne, en supposant une durée de cinq années. Voilà comment il est possible d'obtenir un fumier ne coûtant rien.

Valeur de la consommation de huit bœufs.

Betteraves............	403 fr.
Fourrages	448
Pains d'huile et soins ..	393
Total.....	1244

La plus-value obtenue par cette alimentation, étant pour un bœuf de 180 francs, elle sera pour 8 bœufs..... 1440 fr.

Sur cette somme il a été déboursé pour frais divers :

1° Pour un hectare de betteraves, piochage, etc.. 120 fr.

2° Récoltes des fourrages.................... 110

3° Pains d'huile achetés et soins donnés aux bêtes 393

Total...... 623

En déduisant cette somme de 623 francs, de celle de 1440 francs, il reste pour nos deux hectares 50 ares................................... 817 fr.

On arrive à peine à la moitié de ce chiffre avec l'assolement triennal, pour la quantité de terrain que nous venons de citer.

Avec la nourriture indiquée pour l'engraissement de 8 bœufs, on peut entretenir, en ajoutant un supplément de paille et menue paille, 13 vaches laitières, donnant, en moyenne, chacune 10 litres de lait par jour, valant 0,80, ce qui produit pour les 13 bêtes, par jour 10 fr. 40, et pour 140 jours 1456 francs, ci.................... 1456 fr.

On obtient ensuite journellement de chaque bête 45 kilogrammes de fumier, pour les 13 bêtes, 585 kilogrammes, et durant le temps 81 000 kilogrammes.

On peut également nourrir dans le même laps de temps et avec la même ration, en y ajoutant les pailles, 28 jeunes bêtes de l'âge de huit mois à deux ans ; si elles sont bien achetées ou si elles sont de bonne race, elles donnent un profit de 45 francs pour les 140 jours : ce qui fait pour 28 bêtes 1 260 francs. On obtient de chaque animal, en prenant une moyenne de la différence d'âge, 28 kilogrammes de fumier par 24 heures, 28 bêtes en donneront 615 kilogrammes, et pendant 140 jours 86 200 kilogrammes.

Ces chiffres démontrent clairement que dans l'agriculture en progrès, le bétail n'est plus un mal nécessaire, mais bien une source de profit.

Espèce ovine.

Le cultivateur arriéré. — L'empressement à soigner l'espèce ovine, n'est pas non plus satisfaisant chez le cultivateur arriéré. La situation des moutons ressemble à celle des bêtes sauvages, qui, à certaines époques de l'année, trouvent à se rassasier pour souffrir la faim à d'autres moments, ou n'avoir à manger que des choses trop peu nourrissantes.

Ils ne reçoivent que de la paille durant la saison d'hiver, un peu de foin seulement est donné aux mères d'agneaux. Le commencement du printemps (mars et avril) ne rend point leur existence meilleure. Les quelques brins d'herbe qu'ils peuvent trouver dans les champs à cette saison, après une journée de parcours, sont loin d'être suffisants à leur entretien ; il n'y a plus de fourrage pour eux dans les greniers ; quant à la paille, elle devient si sèche qu'ils la refusent.

Mai et juin, donnent une période meilleure pour les troupeaux de ferme, mais ceux du village doivent encore rester quelque temps à parcourir le guenet ou des terrains communaux en friche, desséchés par les grandes chaleurs. Dans presque tous les villages, la petite et la moyenne culture, trop restreintes pour avoir un berger, envoient leurs bêtes au troupeau commun ; aussi l'apparence des bêtes démontre bien leur misère. Dans les fermes on a quelques pièces de trèfle blanc et de minette ou des prés ; les bêtes profitent de cette bonne alimentation pendant environ un mois ; mais lorsque juillet arrive, l'époque du premier vert est terminée, l'engraissement du mouton n'est pas fini : ayant été mal hiverné, il demande plus de temps à l'engrais. Cependant le régime change, la nourriture n'étant ni succulente ni abondante, il y a un temps d'arrêt, il faut vendre pour éviter que le mouton dépérisse, bien que l'engraissement ne soit pas terminé. Les mères d'agneaux se ressentent aussi de ce changement de régime, leur lait diminue, les agneaux en souffrent ; impossible de les sevrer, bien que le moment soit arrivé ; car comment faire subir en même temps à ces pauvres jeunes bêtes la privation de leur mère et celle d'une excellente nourriture qu'elles viennent de quitter, pour les faire parcourir toute une journée, en les fatigant, chargées encore de leur toison, que la chaleur rend insupportable ainsi que les poux qu'elles ont gagnés près des autres bêtes, au moment de la tonte. Le sevrage est donc impossible, dans ces circonstances, avant le mois d'août. Les récoltes enlevées, les troupeaux trouvent une nouvelle nourriture, mais les mères qui ont allaité trop de temps en ont souffert au lieu de se rétablir.

Quant aux soins pour la conduite des troupeaux et pour l'hygiène, ils laissent bien à désirer ; les bons bergers, comme nous l'avons déjà dit, deviennent aussi plus rares, et le troupeau, manquant du nécessaire, devient plus difficile à conduire. Des mouvements brusques et fréquents, causés par les chiens du berger, dérangent les bêtes, les fatiguent et souvent occasionnent des maladies.

L'agriculteur en progrès. — Chez lui on s'occupe sérieusement des soins qu'exigent les troupeaux, le maître possède les connaissances nécessaires pour les faire prospérer. L'hygiène ne laisse rien à désirer : bergerie bien aérée, grande propreté sur les bêtes ; le berger, bien payé et surveillé, s'acquitte bien de son service. Quand une bête donne un signe de démangeaison en se grattant, il la saisit et verse sur cette partie quelques gouttes d'huile de tabac ; il porte aussi de l'alcali volatil pour secourir les moutons qui enflent, parfois, en pâturant les trèfles. Le berger expérimenté reconnaît facilement un mouton atteint d'un coup de sang, lorsqu'il est en pâture ; si c'est la nuit, il entend les plaintes de l'animal attaqué, qu'il distingue de son lit, placé toujours dans la bergerie.

Il s'empresse alors de pratiquer la saignée, qui, faite à temps, suffit pour écarter le danger.

On évite aussi, avec le progrès, différentes autres maladies, notamment la cachexie, en ne sortant jamais les troupeaux par la rosée et les temps trop humides, car les fraîcheurs sont les principales causes de cette maladie si redoutée.

Le berger sait dresser son chien et son troupeau, il comprend qu'en agissant ainsi, sa tâche devient plus facile; il laisse paître les moutons tranquillement, qui, dans ce cas, profitent et sont moins assujettis aux maladies.

Quant à la régularité de l'alimentation, tout a été prévu à l'avance pour chaque saison, afin de subvenir au bon entretien du troupeau.

On hiverne bien, afin qu'au printemps les bêtes destinées à l'engraissement soient en bon état. Au mois de juillet, les moutons sont finis et vendus pour la boucherie; ils sont remplacés par des bêtes maigres qui s'accommodent mieux de la nourriture du moment. L'élevage a lieu où la nature du terrain le permet; les brebis mères reçoivent pendant l'hiver, outre le kilogramme de fourrages, une ration de betteraves ou d'avoine, mêlée de farineux, régime qui est aussi celui des agneaux, aussitôt qu'ils peuvent brouter.

La saison du vert une fois arrivée, les brebis donnent abondamment du lait, les agneaux s'en ressentent, en même temps qu'ils profitent de la nourriture tendre et bonne qu'ils trouvent sans se fatiguer.

Le premier vert terminé, on les sépare de leur mère pendant douze ou quinze jours pour les sevrer, on leur ôte leur toison, on les conduit au pâturage dans un lieu réservé pour eux, ou bien on les fourrage à l'écurie, soit avec du vert de seconde coupe de luzerne, soit avec des vesces ou toute autre nourriture en vert qu'on a ensemencée pour cette époque, enfin, avec du fourrage sec nouvellement rentré et une faible ration d'avoine, si cela est nécessaire pour les empêcher de dépérir par suite du sevrage. Les mères ainsi débarrassées de bonne heure de leurs agneaux, reprennent le bélier peu de temps après, ce qui avance l'agnelage et plus tard le sevrage. Ainsi traités, les agneaux atteignent un haut prix si on les vend ; si on les garde, ils sont très-forts pour l'hiver et ont une valeur satisfaisante.

La petite culture, qui ne peut tenir qu'un nombre de bêtes à laines fort restreint, se livre, dans quelques contrées, à l'engraissement dans l'écurie ; avec la même ration d'aliments indiquée plus haut pour l'engraissement d'un bœuf, on engraisse huit moutons dont on retire de chacun, s'ils sont de bonne race, une valeur de 20 francs environ, plus, ce qui n'est pas à dédaigner, un bon fumier ne coûtant rien. Les comices agricoles devraient encourager cette pratique, afin qu'elle s'étende davantage.

Espèce porcine.

Le cultivateur arriéré. — Dans la culture arriérée, le porc n'est pas aussi généralement négligé que les autres animaux ; c'est sans doute parce qu'il est essentiellement consacré à l'alimentation du ménage. Cependant on peut encore, par sa maigreur, s'apercevoir qu'il ne mange pas suffisamment, et qu'avant d'être mis à l'engrais, la lenteur de sa croissance est une perte réelle.

L'agriculteur en progrès. — Le porc est, de tous les animaux, celui qui paye le mieux et le plus vite la nourriture qu'il consomme. Au moyen du bon choix de la race, d'une bonne disposition des écuries, d'une grande propreté et, enfin, d'une alimentation convenable bien distribuée, l'agriculteur en progrès obtient, après un an, des porcs d'un poids que n'obtient pas toujours, à deux ans, la culture arriérée.

Espèce chevaline.

Le cultivateur arriéré. — L'élève du cheval dans la Lorraine ne date pas de loin. Autrefois, cette industrie n'était, en France, que le privilége de quelques contrées favorisées par les herbages et le climat. C'est sans doute une des causes pour lesquelles le cultivateur est peu façonné avec les principes à suivre, tant pour la reproduction que pour l'élevage. Ce n'est que depuis l'introduction, dans la culture, des prairies artificielles, que partout le laboureur a compris qu'il pouvait élever des chevaux, pour ses besoins, au lieu de les acheter.

Pour perfectionner ce qu'on avait, on a essayé plusieurs races : des étalons de gros trait, des percherons, des chevaux de sang et de demi-sang, qui sont dans les stations du gouvernement, espérant produire le cheval qui conviendrait à tous les usages ; c'est ainsi qu'on a détruit plusieurs bonnes races. Aujourd'hui on rencontre dans les attelages du cultivateur, du gros, du grand, du mince, point de qualités, point de conformations propres à un usage spécial, pas même à la culture.

Les poulinières n'ont pas toujours toutes les qualités voulues ; elles sont aussi négligées lorsqu'elles portent ou qu'elles allaitent.

Presque partout, le cultivateur fait produire des poulains et les élève ; les choses se compliquent, il n'est pas en situation d'y apporter tous les soins et les connaissances nécessaires pour mener la chose à bonne fin.

Si l'on élève trois poulains par an, on en a constamment neuf de tout âge qui, ajoutés aux chevaux de travail toujours trop nombreux, souffrent du régime alimentaire. On est trop avare d'avoine et trop prodigue de fourrage ; les poulains manquent d'exercice dans leur jeune âge pour en avoir trop lorsqu'ils sont soumis au travail. Le cultivateur tirant peu de bénéfice sur cette industrie, comme spéculation, n'y porte pas toute son attention.

Les chevaux de culture reçoivent aussi trop peu dans la mangeoire et trop au râtelier ; cet excès à non-seulement l'inconvénient de vider le grenier, mais de rendre les chevaux ventrus, lourds et mous.

Pendant les chaleurs de l'été, l'excès du fourrage vert leur donne trop de sang, ce qui occasionne des maladies qui causent parfois de grandes pertes dans les écuries.

La régularité dans les heures de travail n'est pas toujours observée, pas plus que le tirage n'est en rapport avec la force de chaque cheval. Les voitures dont on se sert, pour circuler dans les champs, sont trop lourdes ; le pansement est bien négligé : les chevaux sont étrillés le matin, rarement entre les deux attelées, et jamais le soir ; ils doivent passer la nuit avec le poil hérissé de sueur ou de pluie et la boue aux jambes ; les mauvais traitements viennent encore empirer cette situation des chevaux et même des bêtes en général. La loi Grammont, comme nous l'avons déjà dit, n'est pas assez appliquée par les juges de paix, et les gardes champêtres ne la connaissent pas.

L'agriculteur en progrès. — Parmi les agriculteurs en progrès, il s'en trouve qui s'occupent spécialement de la reproduction de l'espèce chevaline ; le premier soin de l'agriculteur est d'étudier la race sur laquelle il doit faire son choix, selon la nature du sol qu'il habite ; il perfectionne l'ensemble de sa culture afin que tout ce qui est nécessaire arrive à point et que ce qui est nuisible à l'entreprise soit écarté.

Il sait qu'il n'y a que quatre races de chevaux bien recherchées en France ; étant chacune propre à un service bien spécial, elles doivent rester pures. Ces races sont : les chevaux de selle, les chevaux d'attelage de luxe, ceux de trait légers, pour l'agriculture et l'artillerie, enfin, les gros chevaux de camion ; cette dernière race étant bien appréciée et bien payée, il y a intérêt à la conserver pure en l'améliorant par elle-même.

Le bon entretien des routes et des chemins, les machines à vapeur dans les fermes, le drainage, qui rend les terres plus faciles à labourer, permettent de diminuer la grosseur du cheval pour gagner en échange plus de vitesse.

Pour arriver à ce résultat, c'est vers la Normandie qu'on porte ses vues pour trouver des chevaux possédant plus ou moins de sang ; l'éleveur qui s'arrête à la race de trait léger fait choix d'un étalon ayant un quart de sang. Veut-on élever des chevaux d'attelage, on fait choix d'un beau carrossier demi-sang, auquel on donne des juments de même race ou des bêtes allemandes ; pour le cheval de selle, on prend des étalons trois quarts de sang, ou bien encore l'étalon arabe, en lui donnant des juments appropriées à cette spécialité.

En général, on gagne peu à élever des chevaux ; les contrées où cette industrie donne le plus de bénéfice sont celles où se fait l'élevage à deux degrés. Celui qui fait reproduire recherche les poulinières les moins irréprochables ; il sait inspecter l'étalon qu'il veut donner à ses juments, car, entre sujets de même race, l'un a parfois ses défauts où l'autre a ses plus grandes qualités.

Aussitôt le poulain né, on lui donne les plus grands soins ; on le vend à l'âge de sept mois, sur des foires spéciales, à des prix très-élevés, souvent égaux à la valeur d'un cheval de quatre ans, tel que le produit le cultivateur arriéré.

Dans les contrées où on a l'habitude de bien mener l'élevage, les amateurs mettent un grand prix à l'achat des beaux poulains, parce qu'ils sont sûrs de les vendre avec avantage à l'âge de quatre à cinq ans, et après leur avoir fait faire leurs travaux.

Entretien de la terre.

Le cultivateur arriéré. — Dans la culture arriérée, on n'entretient pas partout une demi-tête de gros bétail par hectare ; où elle se trouve, la terre reste à l'état d'entretien, c'est-à-dire qu'elle ne s'épuise pas et ne se bonifie point ; par conséquent, plus on dépasse une demi-tête, plus la terre s'améliore, comme elle s'épuise si on descend trop au-dessous. Voici pourquoi : une bête adulte donne chaque année, avec le régime en usage, sept voitures de fumier (au maximum) de qualité médiocre, du poids de 1 500 kilogrammes ; il revient à l'hectare, pour une demi-tête de bétail, trois voitures et demie ou 5 500 kilogrammes ; avec ce fumier, on graisse le sixième de la totalité de terre, à raison de vingt et une voitures à l'hectare, soit que, dans cette période de six années, on fasse de la jachère ou non. Il est bien certain que, pour la dernière récolte, qui est ordinairement de l'avoine, il ne reste pas la moindre chose d'humus. Cependant, la terre ne s'épuise pas, la nouvelle fumure arrive à temps pour y parer ; mais au-dessous d'une demi-tête de bétail, le nombre des voitures de fumier pour un hectare n'est plus de vingt et un. Quand on ne possède qu'un tiers de tête, par exemple, la rotation pour le fumier est de huit années au lieu de six : alors il y a épuisement.

L'agriculteur en progrès. — Chez l'agriculteur en progrès, on n'entretient pas moins de trois quarts de tête de gros bétail par hectare, duquel on retire non pas sept voitures de fumier, mais de neuf à dix; alors, de ces deux faits il résulte que la fumure, au lieu d'être vingt et une voitures à l'hectare, est de trente voitures, et la rotation, au lieu d'être de six années, n'est plus que de quatre. Ce rapprochement de période et l'augmentation de la fumure laissent dans le sol beaucoup d'humus, autrement dit de la vieille force, qui s'accumule et augmente continuellement la fertilité de la terre.

Dans cette situation, l'agriculteur en progrès est sur la voie pour arriver promptement à cet idéal : *une tête de gros bétail par hectare.*

On compte, comme équivalent à une tête de gros bétail, une paire de jeunes bêtes de l'âge de trois mois à deux ans, soit génisse, soit poulain, dix moutons de pâture de moyenne taille, huit s'ils sont à l'engrais, ou bien encore cinq gros porcs maigres.

Ces évaluations sont de la plus haute importance; elles peuvent servir de guide aux propriétaires et fermiers pour les écuries nécessaires à loger un nombre d'animaux en rapport avec le nombre d'hectares à cultiver.

Considérations générales.

Entre les diverses causes préjudiciables à l'agriculture, on peut, en première ligne, signaler l'émigration des populations de la campagne vers les villes, qui occasionne chaque jour un vide regrettable. Le progrès dans les arts, l'industrie et le commerce, les grands travaux et, enfin, l'armée, ont ouvert les portes à toutes les classes de la société ; le plus petit village même fournit son contingent d'individus des deux sexes. Nous n'avons pas à nous occuper des diverses causes qui occasionnent chaque jour ces déplacements déplorables, tant au point de vue de l'agriculture que de la moralité ; nous dirons cependant que le mal ne s'est pas arrêté à la classe ouvrière proprement dite : le plus petit fermier ou propriétaire a au moins un fils au collège. Des familles anciennes de cultivateurs ont disparu de la culture ; elles sont remplacées par des petits propriétaires ne possédant aucun principe et n'ayant pas la moindre idée des nouveaux procédés.

Il est fâcheux que le dégoût de cette profession s'empare des jeunes gens qui y sont nés, les fils ou les filles du fermier ont de grands avantages sur d'autres pour la réussite d'une entreprise agricole ; en grandissant, ils s'habituent au travail manuel et aux fatigues du métier, en même temps qu'ils se gravent dans la tête certains principes généraux qui ne s'acquièrent qu'avec le temps, et qui sont pour eux les premières bases de l'édifice.

On ne peut qu'applaudir à l'instruction ; elle est utile partout, même à ceux qui se destinent à l'agriculture ; mais il n'est pas besoin d'avoir fait son droit pour devenir un agriculteur distingué et habile.

Les habitudes de la vie de collège, la fréquentation de camarades qui ont des goûts différents, le brillant de tant d'autres carrières, se présentent à chaque instant sous les yeux et forment un singulier contraste avec une culture routinière qu'on retrouve chez soi, et qui n'offre à l'esprit que l'apparence d'un métier pénible, entouré de désagréments, sans compensation. Parlerons-nous encore de l'éducation des jeunes filles de cultivateurs ? Les parents ont cherché à les instruire, nous les en félicitons ; mais les pensionnats où on les envoie, pour passer un laps de temps plus ou moins grand, enseignent-ils ce qui leur convient ? En sortent-elles avec ce qu'il faut à une véritable fermière ? C'est tout le contraire ; elles ont tout bonnement échangé l'habitude du travail qu'elles avaient appris à la ferme, contre des goûts que leur position de fortune et de ménagères ne leur permettront point de suivre. Nous avons toujours désiré voir s'établir des pensionnats, sous le nom d'écoles de la fermière, où les jeunes filles des cultivateurs continueraient à achever leurs études et consacreraient le reste de leur temps à ce qui concerne l'agriculture et surtout le ménage. Dans une culture progressive, les fils de cultivateurs ne quittent pas leur profession pour courir après l'inconnu ; ils savent que ce n'est plus un métier, mais un art, que professent leurs parents ; ils sont heureux de voir prospérer les différentes variétés des plantes ; ils trouvent, soit dans de beaux attelages, soit dans les élèves des chevaux, des vaches ou des moutons, quelque chose de vivant qui flatte l'imagination.

La direction bien entendue, à laquelle ils ne sont pas étrangers, fait qu'ils n'appréhendent point de retourner à la ferme, de prendre part aux travaux de chaque année, au moment des vacances. Plus tard, ils profitent de l'instruction qu'ils ont reçue pour perfectionner ce que leurs pères ont su créer, tout en faisant prospérer leurs affaires ; ils connaissent l'indépendance de leur profession. Des petits services rendus aux gens qui nous entourent, des secours aux malheureux, tout cela fait de la vie rurale la plus belle qu'on puisse envier.

Mais le nombre d'agriculteurs qui suivent cette voie prospère, est encore trop restreint, nous l'avons suffisamment démontré. Il faut chercher à y attirer les autres. On s'est occupé des branches de l'arbre, sans songer que ce sont les racines qui lui donnent sa végétation. Les fondations de l'édifice sont les travaux en général et la bonne direction, et c'est là qu'on doit porter ses vues, si l'on veut faire changer la situation de l'agriculture et la rendre florissante.

Metz, avril 1866.

www.ingramcontent.com/pod-product-compliance
Ingram Content Group UK Ltd.
Pitfield, Milton Keynes, MK11 3LW, UK
UKHW022218070726
13613UKWH00004B/1733